Bibliografische Information der Deutschen Nationalbibliothek:

Die Deutsche Bibliothek verzeichnet diese Publikation in der Deutschen National-
bibliografie; detaillierte bibliografische Daten sind im Internet über http://dnb.d-
nb.de/ abrufbar.

Impressum:

Copyright © 2018 GRIN Verlag
Druck und Bindung: Books on Demand GmbH, Norderstedt Germany
ISBN: 9783668821095

Michel Felgenhauer

Über nichthomogene Erzeugendensysteme harmonischer Wirbelspulen

Eine Intervention zur Phänomenologie der strömungsmechanischen Wirbelspule

GRIN Verlag

Über nichthomogene Erzeugendensysteme harmonischer Wirbelspulen

Eine Intervention zur fluidmechanischen Phänomenologie der strömungsmechanischen Wirbelspule

Die Phänomenologie der fluidmechanischen Wirbelspule bietet die grobverpixelte Sicht auf eine verallgemeinerte Feldtheorie. Die vorliegende Intervention ist daher eher ein Hilfe- statt ein Auf-Ruf um experimentelle, analytische und numerische Untersuchungen fluidmechanischer Wirbelspulen anzuregen. Aus der Sicht der theoretischen Bionik soll der Aufsatz ein faires Angebot liefern, mit Praktikern aber auch mit anderen Theoretikern in einen konstruktiven Dialog zu treten mit dem Ziel, das Phänomen fluidmechanischer Wirbelspulen zu entschlüsseln.

Michel Felgenhauer, Berlin im Herbst 2018

Zusammenfassung. Der Wirbelspuleneffekt wurde vor etwa vierzig Jahren am aufgefingerten Vogelflügel landsegelnder Arten wie Gänsegeier oder Milan, identifiziert. In jüngster Vergangenheit tauchen Lösungsansätze für den stationären Fall und eine verallgemeinernde Phänomenologie der fluidmechanischen Wirbelspule auf. Der Aufsatz geht der der Frage nach, wie die rezente Phänomenologie der Wirbelspule auf zukünftige Gestaltungsfragen angewandt werden kann, insbesondere wie aus nichthomogenen Geometrien harmonische Wirbelkörpersysteme entstehen.

Abstract. The vortex coil effect was identified approximately forty years ago on the fingered bird wing of land-sailing species such as griffon or Milan. In the recent past, solutions for stationary case and generalized phenomenology of the fluid mechanical vortex coil are emerging. The paper deals with the question of how the recent phenomenology of the vortex coil can be applied to future design issues, in particular how non-homogeneous geometries can lead to the formation of harmonic vortex systems.

Hinweise zur Phänomenologie fluidmechanischer Wirbelspulen

Bei fluidmechanischen Wirbelspulenphänomenen wird eine in der Strömung induzierte Beschleunigung des Fluidmassenstroms dazu genutzt, das axiale Widerstandsgebarens der Tragflächenkonfiguration zu mindern. Dabei wird keine Energie in das Fluid eingekoppelt, sondern die abfließende Randbogen-Strömung in besonders raffinierter Weise geformt; was allerdings energetisch gesehen für das Gesamtsystem vorteilhaft ist. Das Auftauchen fluidmechanischer Wirbelspulen bedarf hier mindestens zweier Auftrieb erzeugender Trag-flügel, deren jeweilige Randbogenkontur im Nachlauf der Strömung einen mehr oder weniger kompakten Wirbelzopf hinterlässt. Ein einen kompakten Wirbel erzeugendes System nenne ich fortan Wirbelkeim oder das „Erzeugendensystem des Wirbels". Die Richtung der Rotation der beiden hier betrachteten Wirbel soll gleich sein. Sind Wirbelfäden auch kompakt, so besitzen sie dennoch ein Fernfeld. Relativ nahe Fernfelder zweier benachbarter Wirbelfäden wechselwirkenden physikalisch (fluidmechanisch) miteinander in der Art, dass eine Rotation um eine gemeinsame Achse erfolgt und ein schraubenförmiger Wirbelkörper entsteht. Die Wirbelschraube aus einem Tragflügelsystem mit zwei Wirbelkeimen ist zweigängig. Wirbelspulensysteme sind erstaunlich robuste Gebilde und werden noch stabiler, wenn sie mehrgängig sind. Das Erzeugen von stabilen Wirbelspulen funktioniert in einer direkten Analogie zum Gesetz von Biot und Savart und zur klassischen Feldtheorie. Anders als in der Strömungsmechanik wird auf dem Gebiet der Elektrodynamik die Feldtheorie absolut elegant vertreten und angewandt. Die Theorie dynamischer Felder ist dort etabliert und erscheint auch dem an Anwendungen orientierten Techniker als durchaus nachvollziehbar. Eine elektrische Spule generiert einen (elektrischen) Fluss in ihrem (sich gegebenenfalls bewegenden Eisen-) Kern. Das Gesetz von Biot und Savart beschreibt somit den Grundmechanismus und das Arbeitsprinzip eines jeden modernen Elektromotors. Sofern er – in einem ersten Hub unserer Betrachtung - mit Gleichstrom betrieben wird. Demgemäß, wie es um und in einer elektrischen Spule zu einer Verformung, ja Bündelung von elektromagnetischen (Feld-) Linien kommt, dürfen wir uns die Verformung, ja Bündelung der Strömungslinien in einer fluidmechanischen Wirbelspule vorstellen. Es sind diese (zunächst gedachten) Strömungslinien auf denen Fluid beschleunigt wird. Die Tragflügelenden stellen die Wirbelkeime der Erzeugendensysteme. Werden zwei oder mehr Tragflügel in einer Ebene einer Strömung ausgesetzt, bilden sie zwei oder mehr

Wirbelkeime aus, deren Wirbelzöpfe eine zwei- oder mehrgängige Wirbelspule bilden.

Die Geschwindigkeit im Innern der fluidmechanischen Wirbelspule kann das mehrfache der Anströmgeschwindigkeit v_∞ des Tragflügels annehmen. In synthetischen Labor- Wirbelspulen kann die Beschleunigung der Fluidmasse von Umgebungsgeschwindigkeit auf (durch die Wirbelspule induzierte) Innengeschwindigkeit derart eklatant sein, dass die Wirbelspule vor den Augen des Experimentators implodiert.

Die Geschwindigkeitsinduktion ist mit der „Gängigkeit" des Wirbelspulenkörpers linear korreliert und nimmt mit größeren Durchmessern der Wirbelspule ab. Für ein Wirbelspulenmodell mit n Gängen gibt Dienst [Die 18-21] eine Formel für die theoretisch induzierte Fluidgeschwindigkeit v_{zPn} im Zentrum einer n-gängigen Wirbelspule an, wobei $\Gamma_{RW}=c_L\cdot v_\infty\cdot t$ die Zirkulation des Randwirbels ist[1].

Die theoretisch induzierte Fluidgeschwindigkeit Strömungsgeschwindigkeit ist $v_{zPn} = n\,\Gamma/2\,R$ aus einer idealen n-gängigen fluidmechanischen Wirbelspule. Wir werden sehen, dass die Zirkulation wächst, mit zunehmender Flügeltiefe t. Und wir werden sehen, dass die Geschwindigkeit sinkt, mit zunehmenden Radius R, also letztendlich dem Abstand der beiden Wirbelkeime der Wirbelspule. Daraus ergeben sich Gestaltungsparadigmen zur Konstruktion von Erzeugendensystemen für fluidmechanisch wirksame Wirbelspulen.

Der aufgefingerte Vogelflügel landsegelnder Arten wie Gänsegeier oder Milan, an ihm wurde der Wirbelspuleneffekt in den 70er Jahren des vergangenen Jahrhunderts erstmals identifiziert, stellt aus theoretischer Sicht schon einen Kompromiss geometrischer Art dar, denn der biologische Flügel ist eine kaskadierte Anordnung von hintereinander gestaffelten Gefiederfingern. Die Formation stationärer Wirbelspulen gelingt mit mindestens zwei (Wechsel-) Wirkungspartnern. Mit der Tragflügelzahl und damit der Anzahl der Wirbelkeime steigt die Güte des Vorgangs. So ist die zweigängige Wirbelspule durchaus leistungsfähig, aber nicht optimal. Aus irgendeinem Grund, den wir leider noch nicht kennen, ist eine ungerade Anzahl von Wirbelkeimen vorteilhaft immer dann, wenn die Wirbel erzeugenden Tragflügel in einem konzentrischen Kreis angeordnet sind oder zumindest eine (geschlossene) konvexe Figur abbilden. In der Laborhalle und am Windkanal sind dieserart

---

[1] Die Zusammenhänge werden im Anhang dieses Aufsatzes ausführlich erörtert. Siehe hierzu:
Dienst, Mi. (2018) Zur stationären strömungsmechanischen Wirbelspule, Fluidmechanische Phänomenologie der Dreideckerkonfiguration, GRIN-Verlag GmbH München, ISBN(Buch): 9783668705135

konfigurierte Anordnungen sehr einfach darstellbar, so dass eine synthetische Wirbelspule entsteht und diese mit moderner Messtechnik differenziert untersucht werden kann. Das ist von hohem wissenschaftlichen Erkenntniswert. Ringförmige Anordnungen haben aber mit Fluggeräten wenig gemein, denn die Richtungen der Auftriebsvektoren zeigen in ein gemeinsames Zentrum, was für horizontale Translationsbewegungen unerwünscht ist.

Wirbelspulengenerator der Berliner Windkraftanlage BERWIAN. FG Bionik und Evolutionstechnik der TUB 2017.

Sollen sich die Wirbelfäden weder schneiden, noch die Erzeugendensysteme der Wirbelkeime, die Tragflügel also sich gegenseitig im Wege stehen und ihrer Bestimmung nach Auftriebskräfte in gleicher Richtung und mit gleichem Richtungssinn erzeugen, so bleibt für Auftriebstragflächen die Dreiflügelkonfiguration das letzte geometrische Regime, das diese theoretische Anforderung erfüllen kann; der Vier-, der Fünf-, der Siebendecker wäre nur in einer hintereinander kaskadierten Anordnung ausführbar.
Nach Erörterungen zur Tragflügeltheorie, die auch Hinweise zu Mehrdeckerkonfigurationen enthalten, werden für das Wirbelspulenmodell mit n Gängen in [Die 18-21] Überlegungen ausgeführt, die den oben angeführten Gedanken stützen.

Hinweise zur Tragflügeltheorie der Mehrdecker

Die Tragflügeltheorie Prandtls[2] erster Ordnung [Pra-19] behandelt zunächst die Aufgabe jene Geschwindigkeitskomponenten an einem Aufpunkt einer Strömung zu ermitteln, die von der Strömungsenergie einer „tragenden Linie" mit gegebener Auftriebsverteilung herrührt. Mittels der „Theorie der tragenden Linie" lassen sich Gleichungen für den Auftrieb (Lift) und den Widerstand einer Tragflügelkonfiguration aus mehreren Flügeln finden, der dadurch entsteht, dass ein Flügel 1 unter dem Einfluss der Störung steht, die weiteren in derselben Beaufschlagungsebene befindlichen Tragflügel (Flügel2 und Tragflügel3, usw.) ausgeht. Prandtls theoretische Überlegungen sowie Berechnungen seines Mitarbeiters Munk[3] - sie waren auf ein Doppeldeckertragflügelsystem bezogen - zeigten, dass für vollständig symmetrisch gebaute Tragflügelelemente der Widerstand, der am Flügel 2 und Flügel 3 durch die Gegenwart des Flügels 1 entsteht von derselben Größe sein muss.

Im Zuge der Untersuchungen zu Mehrdeckerkonfigurationen stellte sich heraus, dass es offenbar nicht darauf ankommt, dass die „zusammengefassten" tragenden Elemente (der generalisierte Auftriebsvektor einer Tragflächenkonfiguration) jeweils zu einem einzigen Tragflügel gehören. Dies wird von Prandtl und Munk am Doppeldeckertragflügel gezeigt. Greift man aus einem tragenden System in der Querebene (der wirkebene des generalisierten Auftriebsvektors) beliebige Gruppen heraus, so ist derjenige Widerstandsanteil, den die Gruppe 1 durch das Geschwindigkeitsfeld der Gruppe 2 erfährt ebenso groß, wie derjenige von Gruppe 2 im Feld von Gruppe 1 [Pra-19]. Nach Ansicht Prandtls führt dies dazu, dass der Beitrag zum gegenseitigen Widerstand zweier untereinander befindlicher Tragflügel positiv ist, der von zwei nebeneinander befindlichen Tragflügeln dagegen negativ! Durch erste Anordnung wird also der Gesamtwiderstand gegenüber dem Zustand weit voneinander entfernter Flügel vermehrt, durch letztere vermindert. Zur Untersuchung des allgemeinen Falls (zweier benachbarter Tragflächen) wurde von Prandtl das Feld berechnet, das ein tragendes Element mitsamt dem (im Nachlauf der Tragfläche) abgehenden Wirbelpaar in irgendeinem Raumpunkt hervorbringt. Er zeigt, dass die Widerstandsanteile der beiden Flügel nur dann gleich sind, wenn beide Elemente (Tragflächen der Tragflügelkonfiguration) in derselben Querebene liegen. Seine

---

[2] Ludwig Prandtl (* 4. 2. 1875 in Freising; † 15. 8. 1953 in Göttingen) war Physiker und lieferte bedeutende Beiträge zum grundlegenden Verständnis der Strömungsmechanik Prandtl entwickelte die Grenzschichttheorie.
[3] Max Michael Munk (* 22. 10. 1890 in Hamburg[1]; † 1986) war ein deutsch-amerikanischer Aeronautiker.

theoretischen Überlegungen zeigen auch, dass die Summe der Widerstände gleich bleibt, wenn die beiden tragenden Gruppen (Flügel 1 und Flügel2) in Fahrtrichtung gegeneinander verschoben werden, also ihre Staffelung geändert wird. Munk konnte dieses Phänomen in seiner Göttinger Dissertation beweisen. Für unsere nachfolgenden Überlegungen und vor dem Hintergrund einer Wirbelspulenphänomenologie ist die von Prandtl extrahierte Ursache der Unabhängigkeit des Gesamtwiderstands von der Staffelung der Tragflächen bedeutend, wonach die Widerstandsarbeit gleich der in der Wirbelbewegung hinter dem Tragwerk „zurückgelassenen kinetischen Energie" ist; es kommt also nur auf dieses Wirbelsystem selbst an, nicht auf die genauen Umstände, unter denen es erzeugt wird.

Nach der verallgemeinerten Tragflügeltheorie Prandtls hängt die Auftriebskraft einer umströmten Tragfläche alleine von der Zirkulation ab [Schl-67]. Überlagern sich an einem Strömungskörper (bei einer zweidimensionalen Modellvorstellung in der Profilebene des Strömungskörpers) ein translatorisches und rotatorisches Strömungsfeld, kommt es infolge der Zirkulation um diesen Körper zu Verzögerung der Strömung auf der einen und zu einer Beschleunigung der Strömung auf der anderen Seite. Nach der Bernoulli'schen Beziehung führt die Beschleunigung zu einer Druckminderung, die Verzögerung zu einer Druckerhöhung. Im Falle eines Tragflügels wird dies als Auftriebskraft spürbar. Für einen angeströmten, endlichen Tragflügel ist die Auftriebskraft elliptisch über den Auftrieb erzeugenden Körper verteilt. Infolge des Druckgradienten kommt es am materiellen Ende der Tragfläche zu einer Umströmung der Tragflächenkante. Im Nachlauf der Kantenumströmung bildet sich nun ein kompakter Wirbel aus, der in der Literatur als „durch den Druckgradienten induzierter Randwirbel" beschrieben wird.

Der induzierte Randwirbel bindet einen erheblichen Anteil der zur Erzeugung der Auftriebskräfte des Systems aufgebrachten Energie. Der Wirbelfaden im Nachlauf einer Auftrieb erzeugenden Tragfläche ist dabei sehr stabil. Windkanaluntersuchungen und numerische Strömungssimulationsrechnungen können das Umströmungsgebaren an den Enden Auftrieb erzeugender Strömungskörper erklären und visualisieren. Dabei zeigt sich, dass jeder durch das Auftriebsgebaren einer Tragflügelfläche induzierter Wirbelzopf hinsichtlich seiner Geschwindigkeitsverteilung in seinem Querschnitt kompakt ist und ein graduelles rotatorisches Fernfeld ausbildet. Bei einem Doppeldecker existieren zwei kompakte Wirbelzöpfe (bei einem Dreidecker drei Wirbelzöpfe usw.) gleicher Drehrichtung und ähnlicher oder in einem günstigen Fall, gleicher Intensität. Aufgrund der Fernfeldbeziehungen beginnen die Wirbelzöpfe im

Nachlauf ihrer Entstehungsorte um ein gemeinsames Zentrum zu rotieren. Ein schraubenartiges Wirbelspulengebilde entsteht. Während die Wirbelzöpfe auf dem Mantel der Wirbelspule stromabwärts um eine gemeinsame zentrale Achse rotieren, bildet sich innerhalb der Wirbelspule entlang des zentralen Stromfadens eine beschleunigte Strömung aus, die nach außen durch den Wirbelmantel begrenzt und geführt wird. Dieses als „Wirbelspuleneffekt" bezeichnete Phänomen wurde in den 70er und 80er Jahren des vergangenen Jahrhunderts durch messtechnische Untersuchungen belegt. Die Strömung innerhalb der Wirbelspule ist intensiv; die Geschwindigkeiten können gegenüber der den Wirbelspuleneffekt hervorrufenden Flügelumströmung mehr als den dreifachen Wert der anfachenden Strömungsgeschwindigkeit annehmen. Windkanalmessungen zeigen, dass eine zu einer den Auftrieb generierende Tragflächen der kumulierten Tragflügeltiefe t erzeugte Wirbelspule stromabwärts stabil existiert und über die gesamte Distanz einen intensiven „Strömungsjet" produziert. Das Geschwindigkeitsniveau der Innenströmung kann derart ansteigen, dass aufgrund der Druckabnahme im Jet (Bernoulli-Gleichung, Kontinuität) die umhüllende Mantelströmung implodiert und die den Effekt tragende Wirbelspule ihre schraubenförmige Struktur verliert. Der Effekt wurde in den 80er Jahren für fünf- sieben und neungängige Wirbelspulen ausführlich untersucht und in zahlreich wissenschaftlichen Arbeiten dokumentiert. Aus irgendeinem Grund funktionierten ungradzahlige Tragflügelkonfigurationen besser, erst bei n>10 spielte dieser merkwürdige Umstand eine geringere Rolle. Interessanterweise war man um die naheliegenden zwei- und dreigängigen Wirbelspulen nicht sonderlich bemüht, was aus heutiger Sicht damit erklärt werden kann, dass sich die Erforschung der Wirbelspuleneffekte sich anwendungsbezogen an der Entwicklung von Windkraftanlagen nach dem WSP-Prinzip und deren Leistungsoptimierung orientierte.

Grundüberlegungen

Der oben gezeigte Wirbelspulengenerator der Berliner Windkraftanlage BERWIAN am FG Bionik und Evolutionstechnik der TUB 2017 löst die Gestaltungsaufgabe für ein n-flügliges Erzeugendensystem und damit die der erwünschten Mehrgängigkeit des generierten Wirbelmantels auf elegante Weise. Auch mag die BERWIAM Windkraftanlage, bzw. die idealisierten prozess- und Geometrieverhältnisse seines Stators, also das Erzeugendensystem geeignet sein, das Wesen der fluidmechanischen Wirbelspule zu untersuchen. Im Zentrum des BERWIAN-Stators sehen wir den winzig kleinen Repeller der Windmühle, eine hochturige (Wind-) Kraftmaschine. Die Aufgabe des Stators ist einzig und alleine das Generieren von stabilen Wirbelmantelstrukturen. Die Auftriebskräfte der Statortragflügel dienen ja nicht dem Fliegen, sind energetischer Beifang und müssen durch die Tragkonstruktion in die Gründung abgeführt werden. Der Wirbelspulengenerator der BERWIAN besitzt die Idealkonfiguration nicht nur zur Erzeugung einer hohen Energiedichte im Zentrum der fluidmechanischen Wirbelspule, sondern war auch das Lieblingskind der Wirbelspulenforscher. Unter Laborbedingungen wurden in den 80er und 90er Jahren gleichmäßige, leistungsfähige Idealwirbelkörper regelrecht „gezüchtet". Von diesen synthetischen Wirbelspulen konnten wir lernen, welche Gestaltungsparameter des Erzeugendensystems, hier also der Stator des Wirbelspulengenerators, von Bedeutung sind. Eine Kernerkenntnis sei: Die Wirbelkeime eines idealen Wirbelspulenkörpers sollen auf einer geschlossenen Figur angeordnet sein. Ideal ist der Kreis, praktikabel sind Ellipsen und andere konvexe Konturen, wirkungslos sind Linien, Geraden, Strahlen. Aus den Beobachtungen von BERWIAN-Wirbelspulengeneratoren unter Laborbedingungen folgen erste Grundaussagen für eine verallgemeinerte Wirbelspulensynthese:

- Synthetische Wirbelspulen sind erstaunlich stabile Konstrukte.
- Die Abstände von Wirbelkeim zu Wirbelkeim sollen gleich sein.
- Vorteilhaft sind Wirbelkeime, die in einer gemeinsamen Ebene liegen.
- Kleine Querschnitte des Erzeugendensystemkreises führen auf hohe induzierte Geschwindigkeiten im Zentrum der Wirbelspule.
- Große Querschnitte des Erzeugendensystemkreises liefern einen hohen Volumenstrom durch das Wirbelspulensystem.
- Kleine Durchmesser führen gegenüber großen Querschnitten des Erzeugendensystemkreises zu stabileren Wirbelspulenprozessen.
- Eine ungerade Zahl von Wirbelkeimen ist vorteilhaft. Warum auch immer.
- Hohe Anströmgeschwindigkeiten des Erzeugendensystems liefern Wirbelspulen großer Steigung; kleine Geschwindigkeiten v_∞ zeigen kleine Steigung.
- Kompakte Tragflügelstaffelungen führen auf kompakte Wirbelspulen.
- Kompakte Wirbelspulen „heilen aus und erholen sich" nach einem Zusammenbruch rascher als große Gebilde; eine Art Resilienzkriterium.

Sind die Erzeugendensysteme gleich, sowie ihre Strömungswechselwirkung, besitzt auch die Wirbelspule eine gleichförmige Erscheinung. Bei der Berliner BERWIAN-Windmühle ist die Gleichheit der Erzeugendensysteme auf konstruktionsnatürliche Weise gegeben. Die subjektiv beobachteten Merkmale des Phänomens kumulieren zu einem auf seine Art „harmonischen" Konstrukt, dem man über eine gewisse Regelmäßigkeit der Anordnung der Wirbelkeime noch einem weiteren, einen höheren, Sinn anzumerken glaubt.
Die Gleichheit der Erzeugendenprozesse war auch beim Entwurf des BERWIAN keine Selbstverständlichkeit. Um den strukturellen Aufwand minimal zu halten entschied man sich, im Sinne einer Sturmsicherung, die einzelnen Stator-schaufeln elastisch zu lagern und auf eine kollektive Blattverstellung zu verzichten. Unter Laborbedingungen war das sicher eine gute Idee; draußen im Feldversuch zeigte sich, wie sensibel das Wirbelspulensystem auf Wechsel der Anströmgeschwindigkeit aus Richtungswechseln (Böen) reagierte. Die Wind-fahnenwirkung des BERWIAN erwies sich als zu träge, die Drehmasse des winzigen Repellers, der auf der Welle einer VW-Käfer-Lichtmaschine arbeitete, als zu klein um eine gleichmäßige Drehzahl, respektive Spannung zu liefern[4].

Das innere Milieu der Fluidmechanischen Wirbelspule

Mit einer Fadensonde – meinem Lieblingsmessinstrument - kann man auf einfachste Weise die lokale Geschwindigkeitsrichtung einer Strömung ermitteln und die Existenz von Zirkulation (Vorticity, Wirbelität, Wirbelichkeit?) überprüfen. Strömungsnovizen die beginnen, sich für fluidmechanische Wirbelspulen zu interessieren, sind anfangs darüber irritiert, dass die Strömung innerhalb einer Wirbelspule tatsächlich „rotorfrei" ist. Die Geschwindigkeit innerhalb der Wirbelspule ist nicht so ganz leicht zu messen, weil eine radial in das fluide Spulensystem gesteckte Messsonde deren Gestalt verändert. Nur konsequent „rektal" geführte Messsonden funktionieren tatsächlich. Als junge Wissenschaftler hatten wir damals den Ehrgeiz, leistungsstarke Wirbelspulen mit möglichst hohen inneren Geschwindigkeiten (n-induzierte Geschwindigkeit v_{zPn}) durch raffinierte Statorvariationen zu „züchten". Faktor drei gegenüber der äußeren Anströmgeschwindigkeit v_∞ war ein sicherer, leicht zu realisierender Wert. Größere innere Geschwindigkeiten mit höheren Geschwin-

---

[4] Die Berliner Windkraftanlage BERWIAN auf der Bundesgartenschau Berlin 1986. Siehe auch https://slideplayer.org/slide/666116/

digkeitsverhältnissen $((v_{zPn}/V_\infty)>3.5)$ brachten Wirbelspulen zum implodieren. Mit Rauch eingefärbter Strömung, war die Implosion ein spektakulärer Vorgang. Der Kollaps begann immer an einer Stelle am Rand der Wirbelspule und ging sehr schnell in eine Hops-Bewegung über, die im Rauch die Form eines Schweineschwänzchen hinterließ. Manche Konstellationen des Stators führten auf eine Reihe periodischer Kollapse. Weil das Erzeugendensystem, der Tragflügelapparat des Stators, wie ein Extruder kontinuierlich „nachliefert" regeneriert die Wirbelspule mit der Anströmgeschwindigkeit V_∞[5]. Heute bedaure ich, dass wir diese nichtstationären Strömungsphänomene nicht eingehender untersucht haben. Da eine halbwegs funktionierende Theorie der fluidmechanischen Wirbelspule war damals nicht in Sicht war arbeitete jeder mit seiner persönlichen Phänomenologie. Ich habe mir das Implodieren der Wirbelspule mit Druckgradienten, also lokal stark abfallenden Drücken erklärt, die dazu führen dass der Spulenkern unkontrolliert Masse durch den Spulenmantel saugt. Gleichzeitig war das Spulensystem als robust bekannt, die Geschwindigkeiten über den Querschnitt (y,z) verteilt und weniger über die Spulenachse (x-Achse) stromabwärts und ausserdem konnten Wirbelspulen (auf diese dämonische Art) selbst ausheilen! Aber mich interessierte damals nur die Leistung im Innern der Spule. Die Implosion war quasi nur ein „lustiger Unfall".

Kommen wir zurück in die Gegenwart. Das Fachgebiet Bionik und Evolutionstechnik der Technischen Universität Berlin wurde im Frühling dieses Jahres augfgelöst; die Windkanäle verkauft, hieß es. Ob sie fortan für die Wissenschaft blasen, oder in einem Museum gelandet sind, weiß ich nicht zu berichten.
Gut, man kann aber auch erst einmal anfangen zu rechnen. Mit Kenntnis sowohl der Anströmgeschwindigkeit v_∞ des Tragflügelsystems als auch der von n Erzeugendensystemen an einem Punkt P innerhalb der Wirbelspule induzierten Geschwindigkeit v_{zPn} gewinnen wir erste Informationen über die Beschaffenheit der Strömung im Achsenkern der Wirbelspule. Gelegentlich ist es vorteilhaft, mit generalisierten Koordinaten zu arbeiten. In der Potentialtheorie werden lokale Geschwindigkeiten auf die Geschwindigkeit V_∞ aus der (Rand-) Anfangsbedingung bezogen, so dass die dimensionslose Geschwindigkeit v_{zPn}/V_∞[6] für jeden Punkt P des Strömungsfeldes innerhalb Wirbelspule induzierten Geschwindigkeit v_{zPn} angegeben werden kann. Das Verfahren liefert

---

[5] Siehe auch: Mehlhorn, A. (1988) Experimentelle Diplomarbeit am FG Bionik und Evolutionstechnik der TU Berlin.
[6] Systemgeschwindigkeit $V=v_\infty$.

uns ein lineares Gleichungssystem aus dem sich die Geschwindigkeiten und auch die Druckfelder für jeden Punkt im Strömungsfeld bestimmen lassen. Die Geschwindigkeit v_{zPn} (bzw. die dimensionslose Geschwindigkeit v_{zPn}/V_∞) und der Druckkoeffizient c_p[7] besitzen einen Gradienten $c_p(y,z)$ im Querschnitt der Spule und weniger über die stromabwärts laufende zentrale x-Achse des Wirbel-spulenkörpers. Dieser Druckkoeffizient wird der aus der klassischen Strömungsmechanik bekannten Form aus der lokalen, spezifischen Geschwindigkeit bestimmt. Hierbei wird die Bernoulli-Gleichung dazu benutzt, den Druck aus den Geschwindigkeitskomponenten zu ermitteln.

$$\text{Bernoulli:} \quad p_0 + \tfrac{1}{2}\, \rho_\infty\, V^2 = p_{zPn} + \tfrac{1}{2}\, \rho_\infty\, v_{zPn}(y,z)^2 \quad [\text{Pa}]$$

Für inkompressible Strömungen ($\rho_=\rho_\infty$) liefert das den lokalen Druck-koeffizienten $c_p(y,z)=p(y,z)/p_0$ aus einer Beziehung über die System-geschwindigkeit $V=v_\infty$.

$$\text{Druckkoeffizient} \quad c_p(y.z) = 1 - \left(v_{zPn}(y,z) / v_\infty\right)^2$$

Die die Ermittlung der Geschwindigkeit v_{zPn} auf der stromabwärtsführenden x-Achse folgt der Argumentation über die Phänomenologie der fluid-mechanischen Wirbelspule nach [Die-13-8][8] und wird an dieser Stelle nicht ausgeführt. Theoretische Betrachtungen und messtechnische Untersuchungen legen den Schluss nahe, dass die Wirbelkeime nicht nur auf einer geschlos-senen Figur angesiedelt sein sollen, sondern auch in einem Abstand von einander auftauchen, der der Tragflügeltiefe der erzeugenden Auftriebsfläche entspricht. Der Gültigkeit dieser Gestaltungssemantik werden wir unten weiter nachgehen.

---

[7] $c_p = 2\,(p(x) - p_0) / (\rho \cdot V^2)$ Normdruck p_0 = 101 325 [Pa] = 101,325 [kPa] = 1 013,25 [hPa] = 1 013,25 [mbar], Normzustand bei T= 273,15 [°K] bzw. T=0 [°C] entsprechend DIN 1343.

[8] [Die13-8] Dienst, Mi.(2013). Beitrag zur Phänomenologie der fluidmechanischen Wirbelspirale. GRIN-Verlag GmbH München, ISBN (Buch): 978-3-656-55394-6.

Ungleichmäßige Verhältnisse bei Erzeugendensystemen

Der Stator der BERWIAN ist eine runde Sache. Die Randwirbel erzeugenden Tragflügelflächen sind in einer radialen Figur trappiert. Die Abstände zwischen den Wirbelkeimen ungerader Anzahl sind konstant und die Orte der Wirbelkeime bilden einen perfekten Kreis in einer gemeinsamen Ebene, die sich orthonormal auf der stromabwärtsführenden Achse aufspannt. Das ideale Erzeugendensystem für eine fluidmechanische Wirbelspule.

Verlassen wir aber das Labor um ein reales (nichtradiales) Tragflügelsystem zu entwerfen und fragen uns, welche Mindestanforderungen an die Synthese einer fluidmechanische Wirbelspule und die Gestaltung ihres Erzeugendensystems zu stellen sind, dann fällt die Antwort erstaunlich einfach aus. Eigentlich sind es nur zwei Grundforderungen:

- Finde eine harmonische, geschlossene Figur der Wirbelkeimgeometrie.
- Halte die Zirkulation der Teilwirbel konstant.

Klären wir die Begriffe. Die Zirkulation Γ quantifiziert die Stärke eines Wirbels, bzw. den Beitrag des Ringintegrals der Zirkulationsgeschwindigkeit v_Γ über die Weglänge s_Γ. Bei einem starren Wirbel herrscht eine konstante Winkelgeschwindigkeit ω_W und an einem beliebigen Abstand r die Tangentialgeschwindigkeit v_{TW}. Die Einheit der Zirkulation $\Gamma\ [m^2 s^{-1}]$ verrät uns diesen Zusammenhang (Geschwindigkeit mal Weg), sofort.

<u>Aus der Integration des Linienintegrals folgt:</u>

Zirkulation	$\Gamma = v_\Gamma \cdot s_\Gamma$	$[m^2 s^{-1}]$
Zirkulationsgeschwindigkeit	v_Γ	$[ms^{-1}]$
Weglänge	s_Γ	$[m]$
Winkelgeschwindigkeit	ω_W	$[s^{-1}]$
Tangentialgeschwindigkeit	$v_{TW} = r \cdot \omega$	$[ms^{-1}]$
Dichte	ρ	$[kg\ m^{-3}]$
Geschwindigkeit (Fernfeld)	v	$[m\ s^{-1}]$
Infinitisimaler Winkel	$d\beta$	$[°, rad]$
Mit Ringintegral (über Kreis)	$\int l\,ds = 2\pi r$	$[m]$
Tangentialgeschwindigkeit	$v_T = r\,\omega$	$[ms^{-1}]$

Man unterscheidet weiterhin Potentialwirbel, sie besitzen einen Geschwindig-keitsgradient im ferneren Feld und Rankine-Wirbel, die ein Modell für die Superposition von starrem Wirbel und Potentialwirbel sind. Mit der Zirkulation und dem Ringintegral der Zirkulationsgeschwindigkeit über die Weglänge s, kann die Auftriebskraft F_A eines Flügels mit der Spannweite b angegeben werden. Es entsteht eine handliche Formulierung der Zirkulation um einen Tragflügel. Nach Kutta-Joukowski[9] folgt:

Auftrieb (Lift) $F_A = \Gamma \cdot \rho \cdot v \cdot b$ [N] aus [$m^2\,s^{-1}$ kg m^{-3} m s^{-1} m],[kg m s^{-2}]

$F_A = c_L \cdot A\,\tfrac{1}{2}\,\cdot \rho \cdot v^2$ [N]

und es gilt: $\Gamma \cdot \rho \cdot v \cdot b = c_L \cdot A\,\tfrac{1}{2}\,\cdot \rho \cdot v^2$

Damit ist die Zirkulation um einen rechteckigen Tragflügel mit der Profiltiefe t, der Tragflügellänge und der Tragflügelfläche Fläche $A = t \cdot b$ gegeben mit:

$$\Gamma = \rho \cdot v \cdot b = c_L \cdot A\,\tfrac{1}{2}\,\cdot \rho \cdot v^2 \,/\, \rho \cdot v \cdot b \;=\; c_L \cdot A\, v \,/\, 2 \cdot b \quad [m^2 s^{-1}]$$

Wir werden im Folgenden und im Gegensatz zur klassischen Argumentation nach Prandtl von einem in der Systemmitte einseitig eingespannten Tragflügel ausgehen und das symmetrische, fluidmechanische Komplement nicht berücksichtigen. Für die in einer fluidmechanischen n-gängigen Wirbelspule induzierte Geschwindigkeit $v_{xPn}(y,z)$ an einem so genannten Aufpunkt $P(y,z)$ in der Y-Z-Ebene der Erzeugendensystems leitet Dienst in [Die-13-8] eine Beziehung her, in der die (eine) Windung eines Wirbelspulenmodells die Kreislinie des Radius R in der Ebene sei. Untersuchen wir nun den besonderen, wenn auch nicht ganz realistischen Fall, dass der Aufpunkt $P(x_P,y_P,z_P)$ an dem die Geschwindigkeit v_{zP} induziert wird, in dieser Ebene liegt und damit die vertikale Koordinate z=0 verschwindet. Wir dürfen das tun, weil dieser Punkt, wie jeder andere, Element des vom Ringwirbelfadens induzierten Geschwindigkeitsfeldes ist. Für diesen besonderen Punkt vereinfacht sich der Term für die X-Komponente v_{xP} des Geschwindigkeitsvektors v_P. In einer Phänomenologie, in der das Ringwirbelfadenmodell eine n-gängige Wirbel-spirale die aus einem (in X-Richtung stromabwärts wirkenden) Erzeugen-densystem mit n Tragflügeln und in einem ersten, einfachen Modell mit m Wirbelkeimen herrührt beschreibt, muss die Mehrgängigkeit in der Formel

---

[9] Der Satz von Kutta-Joukowski beschreibt die Proportionalität des dynamischen Auftriebs zur Zirkulation.

berücksichtigt werden. Für das Wirbelspulenmodell mit n Ringwirbelfäden die im Abstand von R um ein gemeinsames Zentrum existieren folgt damit:

Ideal induzierte Geschwindigkeit $\quad$ $v_{xP,n}$ = n Γ/2R $\qquad$ [m s^{-1}]

Für ein WSP-Modell mit n=2 folgt: $\quad$ $v_{xP,2}$ = Γ/R $\qquad$ [m s^{-1}]
Für ein WSP-Modell mit n=3 folgt: $\quad$ $v_{xP,3}$ = 3 Γ/2 R $\qquad$ [m s^{-1}]

Wir gingen bislang davon aus, dass der Ringwirbelfaden aus der Umströmung gleicher oder sehr ähnlicher der Tragflügelkanten einer homogenen Erzeugendensystemkonfuguration stammt und die Ringwirbelfäden aus dem Umströmungsgeschehen mit einem Wirbelkeim je Tragflügel resultierenden Randwirbeln mit der jeweilig konstanten Zirkulaion Γ_{RW} herrühren und eine harmonische, gut funktionierende Wirbelsule generieren. Das ist aber bisher nur eine nützliche Modellannahme. In einer fluidmechanischen Wirklichkeit ist die induzierte Geschwindigkeit $v_{xP,n}$ die konservative Superposition aus n Teilgeschwindigkeiten, die aus der Konfiguration des n-teiligen Erzeugendensystems eine n-gängige Wirbelspule generiert. Das Erzeugendensystem kann also nicht-homogen sein und dennoch die Kriterien einer harmonischen Wirbelspule erfüllen. Die induzierte Geschwindigkeit des verallgemeinerten Erzeugendensystems:

- $v_{xP,n}$ = ½ $\Sigma_{i=1,n}(\Gamma_i/R_i)$ $\quad$ = $\quad$ ½ ((Γ_1/R_1)+(Γ_2/R_2)+...+(Γ_n/R_n))

Wie wir oben gesehen haben, verlangt eine n-gängige harmonische Wirbelspule der bisher verfolgten Argumentation gemäß, gleiche Zirkulationen Γ, sagt aber nichts darüber aus, woher die jeweilige Zirkulation stammt und wie ein verallgemeinertes gegebenenfalls nichthomogenes Erzeugendensystem die Aufgabe (Generation eines gefordert harmonischen Wirbelspulenkörpers) gestalterisch (Erzeugenden-Geometrie) und organisatorisch (Erzeugenden-Prozess) löst.

Die lokale Zirkulation Γ_n am Randbogen einer der n partiellen Rechtecktragflächen leiten wir aus der Form für die Zirkulation um einen rechteckigen Tragflügel mit der Profiltiefe t, der Tragflügellänge b und der Tragflügelfläche Fläche A=t · b her, also : Γ = ρ · v · b = c_L · t · b v / 2 · b $\quad$ und erhalten die lokale Randbogen-Zirkulation :

- Lokale Randbogen-Zirkulation $\Gamma_i = \frac{1}{2} \cdot c_{L,i} \cdot t_i \cdot v_\infty \quad [\mathrm{m^2\,s^{-1}}]$.

Das Kollektiv ($c_{L,i} \cdot t_i$) ist faktisch Gestaltungsparameter immer dann, wenn eine Schar quantifizierter Profilkonturen zur Verfügung stehen und seitens der Konstruktion Vorstellungen darüber existieren, mit welchem Anstellwinkel α die Strömung operiert werden soll. Auf diese Weise wachsen dem Konstrukteur Gestaltungsoptionen zu, sobald der lokale Auftriebsbeiwert $c_{L,i}(\alpha)$ über einen Bereich potentieller Anstellwinkel variiert. Formal ist der Auftriebsbeiwert $c_{L,i}(\alpha)$ zusammen mit der linear aufgetragenen (globalen) Anströmgeschwindigkeit v_∞ ein Prozessparameter beim Generieren homogener Zirkulationsverteilungen im Betrieb. Das Kollektiv ($c_{L,i} \cdot t_i$) funktioniert als Konturparadigma eine avisierten Konstruktion.

Ist die zweigängige Wirbelspule durchaus leistungsfähig, so haben wir soeben festgestellt, dass eine höhere Anzahl Wirbelkeime die induzierte Geschwindigkeit intensiviert. Im Labor und am Windkanal ist die radial- ringförmige Anordnung der Erzeugendensysteme einfach darzustellen, in der Gestaltungspraxis aber nur in wenigen ausgesuchten Einzelfällen überhaupt wünschenswert.

Wenden wir uns Tragflügeln, also den Auftriebs-, Leit- und Steuertragflächensystemen zu und werfen einen Blick auf einige geometrische Optionen, die der Konstrukteur in seinen Entwurf einbringen kann. Sollen sich die Wirbelfäden weder schneiden, noch die Erzeugendensysteme der Wirbelkeime, die Tragflügel, gegenseitig im Wege stehen und ihrer Bestimmung nach 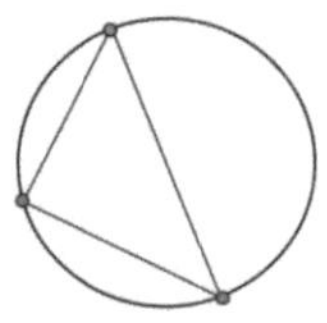 Auftriebskräfte in gleicher Richtung und mit gleichem Richtungssinn erzeugen, so bleibt die Dreiflügelkonfiguration das letzte geometrische Regime, das diese theoretische Anforderung erfüllen kann; der Vier-, der Fünf-, der Siebendecker wäre nur in der hintereinander kaskadierten Anordnung ausführbar, wie oben dargelegt. Die Dreieckskonfiguration stellt auch das größte gleichseitige und konvexe Polygon, für dessen Projektion auf eine beliebige Ebene kein Schnitt mit einer Konstruktionskantenlinie (des Polygons) gefunden wird. Letzte Forderung stammt aus der Gestaltungspraxis für Tragflügelsysteme, die Querkräfte erzeugen sollen, ohne Experimental- oder reine Laborkonstruktionen zu sein.

Betrachten wir die Geometrische Forderungen an eine harmonische Wirbelspule aus drei Wirbelkeimen. Mit dem Verfahren der Delaunay-

Triangulierung[10] werden Punkte im $\mathbf{R}^2$ so zu Dreiecken vernetzt, dass innerhalb des Kreises, auf dem die drei Dreieckspunkte liegen, keine anderen Punkte enthalten sind. Dadurch weisen die Dreiecke (eines Netzes) möglichst große Innenwinkel auf und der kleinste Innenwinkel über alle Dreiecke wird maximiert. Wir sehen sofort, dass die Delaunay- Umkreisbedingung für die Generation einer harmonischen (Um-) Kreisbelegung durch Wirbelquellen nicht hinreicht, weil die Methode beliebige (Dreieck-konfigurationen) zulässt und erst in einem Netz aus Dreiecken, die Innenwinkel konditioniert. Das gleichseitige Dreieck als trivialer Sonderfall der die Delaunay-Umkreis-bedingung erfüllt die Eingangsforderung erwartungsgemäß. Wir wissen: Alle gleichseitigen Dreiecke sind zueinander ähnlich und kongruent genau dann, wenn ihre Seitenlängen gleich sind. Mittelsenkrechte, Seitenhalbierende und Höhe zu einer Seite sowie Winkelhalbierende des gegen-überliegenden Winkels fallen bei einem gleichseitigen Dreieck jeweils aufeinander. Entsprechendes gilt für den Umkreis-mittelpunkt, den Innenkreismittelpunkt, den Schwerpunkt und den Höhenschnittpunkt des gleichseitigen Dreiecks, sodass dieser Punkt häufig einfach Mittelpunkt genannt wird. Die Sekanten des Umkreises sind am gleichseitigen Dreieck

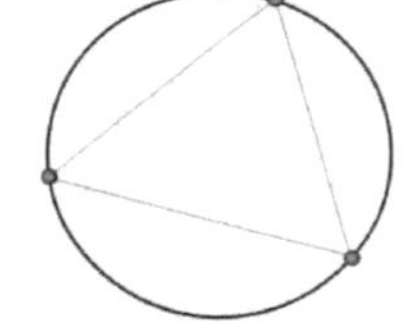

gleichzeitig Passanten des Innenkreises. Damit gehören gleichseitige Dreiecke zu den regelmäßigen Polygonen (hier das 3-Polygon). Mit der konstante Seitenlänge a und Winkeln $\alpha=\beta=\gamma=60°$ und ergeben sich mit dem konstanten Faktor $3^{1/2}=\kappa$ übersichtliche geomet-rische Verhältnisse.

Höhe	h	=	$a \cdot \kappa / 2 = R_i + R_u$
Umkreis	R_u	=	$a \cdot \kappa / 3$
Fläche	A	=	$a^2 \cdot \kappa / 4$
Innenkreis	R_i	=	$a \cdot \kappa / 6$

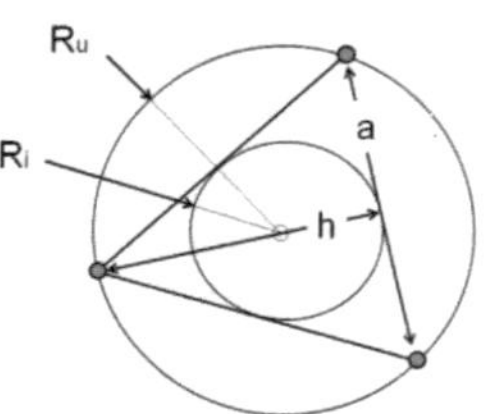

Das regelmäßige 3-Polygon ist ein wahres Füllhorn geometrischer Glücksmo-mente. In der Gestaltungspraxis und wenn es darum geht, eine vorhandenen Konstruktion gegenüber einer Optimierten abzuwägen, kennen wir aus der

---

[10]In mathematics and computational geometry, a Delaunay triangulation (also known as a Delone triangulation) for a given set P of discrete points in a plane is a triangulation DT(P) such that no point in P is inside the circumcircle of any triangle in DT(P). Delaunay triangulations maximize the minimum angle of all the angles of the triangles in the triangulation; they tend to avoid sliver triangles. The triangulation is named after Boris Delaunay for his work on this topic from 1934 https://en.wikipedia.org/wiki/Delaunay_triangulation

Delaunay-Triangulierung die sehr nützliche Beziehung für den Umkreis eines beliebigen Dreiecks, aus der sich Kriterien für eine Gestaltoptimierung herleiten lassen.

Umkreis R_u eines Dreiecks: $R_u = a \cdot (\sin \alpha)^{-1} = b \cdot (\sin \beta)^{-1} = c \cdot (\sin \gamma)^{-1}$

Damit schließt sich der Kreis; zumindest für den sehr speziellen aber freundlichen Fall der dreigängigen fluidmechanischen Wirbelspule.
Verknüpfen wir nun die geometrischen Randbedingungen eines Designs mit den Prozess-parametern im Betrieb. Der Umkreis R_u des Erzeugendensystems mit drei Wirbelquellen wird in erster Näherung für die dynamischen Prozessparameter der Generierung (idealisierter) fluidmechanischer Wirbelspulensysteme verwendet. Über das Konturparadigma, also den Gestaltungsparameter Profiltiefe t, den (irgendwie auch Gestaltungs-) Parameter Liftkoeffizient c_L sowie einer aus der Prozessführung bekannten Anströmgeschwindigkeit v_∞ sind die für die Leistungsvoraussage so wichtigen drei lokalen Zirkulationen Γ_i des (n=3)-Erzeugendensystems ermittelbar.

Induzierte Geschwindigkeit $v_{xP,3} = \tfrac{1}{2} \Sigma_{i=1,3} (\Gamma_i / R_i)$ des 3-Polygons

In der Form für die induzierte Geschwindigkeit $v_{xP,i}$ taucht der Radius R_i auf; er ist der Wirkabstand R_i einer lokalen Zirkulation Γ_i und damit der Wirkabstand des Kollektivs ($c_{L,i} \cdot t_i$) vom Zentrum der erzeugten Wirbelspule und steht senkrecht auf den Wirkabständen zueinander und der Seitenlänge a von Wirbelkern zu Wirbelkern. Er ist ausserdem der Radius R_u des Umkreises des regelmäßigen 3-Polygons und in erster Näherung repräsentiert er letztendlich den zylindrischen Innenraum des Wirbelmantelsystems.

Parameter des Gestaltungsparadigmas
- lokale Profilkontur Kennung $c_{L,i}(\alpha_i)$ [-]
- lokale Tragflügeltiefe t_i [m]
- Radius Umkreises 3-Polygons. R_u [m]
- Wirkabstand der Wirbelkeime   a   [m]

Einflußgrößen der Prozessführung
- Anströmgeschwindigkeit v_∞ [ms-1]
- lokaler Anströmwinkel α_i [°]

Damit ist das verallgemeinerte Modell einer homogenen Wirbelspule für beliebige Betriebszustände aus heterogenen Gestaltungsparadigmen beschrieben. Ein Konstrukteur kann in der Konzeptphase vergleichsweise frei agieren. Seine Spielräume werden in erster Linie über den Radius des 3-Polygonkreises eingeengt. Indirekt legt er damit auch den Wirkabstand der Wirbelkeime fest. Als relationalen Parameter kann er das Kollektivs ($c_{L,i} \cdot t_i$) in seiner Eigenschaft als Konturparadigma behandeln. Auch hier sind – im Vergleich zu anderen Gestaltungsaufgaben – Spielräume vorhanden. Legt der Konstrukteur beispielsweise die beiden einhüllenden Tragflügel (oben und unten; eins und drei) in ihren Merkmalen zueinander fest, kann er über das Konturparadigma den inneren Tragflügel determinieren und somit die Gesamtkonstruktion elegant ausbalancieren; am Ende zählt eben nur, dass das Produkt aus Tragflügeltiefe und dem Liftparameter einer ausgewählten Profilkontur die Geometrie des Flügels bestimmen. Hier stecken auch die Optimierungspotentiale der Gesamtkonfiguration. Soll das Tragflächensystem aktive Leit- und Steuerungsaufgaben erfüllen, oder kommen (passiv) adaptive Regelungsaufgaben aus dem Lastenheft und auf den Plan, würde ich die Komplexität in die mittlere, innere Tragfläche stecken.

Fassen wir zusammen. Der Aufsatz behandelt die Frage, wie die rezente Phänomenologie der Wirbelspule auf zukünftige Gestaltungsfragen angewandt werden kann. Es werden die Umstände erörtert, die aus nichthomogenen Geometrien harmonische Wirbelkörpersysteme entstehen lassen.
Grundsätzlich lernen wir Wirbelspulen als erstaunlich robuste Gebilde kennen und das Erzeugen von stabilen Wirbelspulen funktioniert in einer direkten Analogie zum Gesetz von Biot und Savart und zur klassischen Feldtheorie. Als Mindestanforderungen an die Synthese einer fluidmechanische Wirbelspule und die Gestaltung ihres Erzeugendensystems kristallisieren sich zwei Grundforderungen heraus, die (1) der harmonisch, geschlossen-konvexen Figur der Wirbelkeimgeometrie und (2) der Konstanz der Zirkulation der Teilwirbel. Der Konstrukteur findet im vorliegenden Text Gestaltungsparadigmen und Hinweise auf Prozessparameter, der Theoretiker eine Reihe von Ungereimtheiten, die einen wissenschaftlichen Diskurs beflügeln mögen.

Michel Felgenhauer, Berlin im Sommer 2018.

Weiterführende Literatur und Bibliographie

[Abbo-59]   Ira H. Abbott, Albert E. von Doenhoff; (1959) Theory of Wing
Sections: Including a Summary of Airfoil Data. Dover Publications,
New York

[Betz-12]   Betz, A. ; (1912), Ein Beitrag zur Erklärung des Segelfluges.
Zeitschrift für Flugtechnik u. Motorluftschifffahrt 3 (1912)

[Bos-27]   Bose, N., K., Prandtl, L. (1927). Beiträge zur Aerodynamik des
Doppeldeckers. In: ZAMM, Bd. 7, 1927, Heft 1, S. 1 -9.

[Die14-4]   Dienst, Mi.(2014) Vortex coil effect-use rig for sailing surfboards.
In: Transactions in Bionic Patents, Vol.: 08. GRIN-Verlag GmbH
München, ISBN (e-Book): 978-3-656-70477-5

[Die13-8]   Dienst, Mi.(2013). Beitrag zur Phänomenologie der
fluidmechanischen Wirbelspirale. GRIN-Verlag GmbH München,
ISBN (Buch): 978-3-656-55394-6.

[Hau-03]   Hau, E. (2003): Bauformen von Windkraftanlagen. In:
Windkraftanlagen, Springer Berlin, Heidelberg, S. 65-78. ISBN:
978-3-662-10949-6.

[Katz-01]   Katz, J. Plotkin, A. (2001) Low-Speed Aerodynamics (Cambridge
Aerospace Series) Cambridge University Press; 2 edition

[Mart-65]   Martynov, A. K.,(1965)   Practical Aerodynamics, Pergamon Press.

[Pra-19]   Prandtl, L. (1919) Merhdeckertheorie. In: Nachrichten der k. Ges.
d. Wisssenschaften zu Göttingen. 1919, S. 107-137.

[Rech-90]   Rechenberg, I. (1990): BERWIAN: Entwicklung, Bau und Betrieb
einer neuartigen Windkraftanlage mit Wirbelschrauben-
Konzentrator ; Phase 2 ; Abschlussbericht; Contract BMFT-FV 032
8412B. FG Bionik und Evolutionstechnik, Technische Universität
Berlin.

[Schl-67]   Schlichting, H., Truckenbrot, E. (1967) Aerodynamik des
Flugzeuges, Band 1, Springer Verlag

[Schl-00]   Schlichting, H. (2000) Boundary-Layer Theory, Springer ISBN
3540662707

BEI GRIN MACHT SICH IHR WISSEN BEZAHLT

- Wir veröffentlichen Ihre Hausarbeit, Bachelor- und Masterarbeit

- Ihr eigenes eBook und Buch - weltweit in allen wichtigen Shops

- Verdienen Sie an jedem Verkauf

Jetzt bei www.GRIN.com hochladen und kostenlos publizieren